Hachette Livre – 58 rue Jean Bleuzen, 92178 Vanves Cedex.
Texte : Olivier Gay.
Maquette : Nicolas Galy pour NoOok.
Dépôt légal : juin 2016. Édition 01. Achevé d'imprimer en juin 2016 en Roumanie par Canale.
Loi n°49-956 du 16 juillet 1949 sur les publications destinées à la jeunesse.

PAPIER À BASE DE FIBRES CERTIFIÉES

hachette s'engage pour l'environnement en réduisant l'empreinte carbone de ses livres. Celle de cet exemplaire est de : 350 g éq. CO_2
Rendez-vous sur www.hachette-durable.fr

Blue Sky
STUDIOS
L'AGE DE GLACE
LES LOIS DE L'UNIVERS
ASTÉROÏDE EN VUE !
hachette
JEUNESSE

Scrat l'écureuil est le roi des catastrophes. Surtout quand il court après son gland !

Cette fois-ci, la glace cède sous ses pas et il tombe sur un vaisseau spatial enterré depuis des milliers d'années. Il actionne par erreur le démarrage. La navette décolle avec Scrat à bord !

En quittant l'atmosphère, le vaisseau heurte un astéroïde qui se dirige alors vers la Terre...

Pendant ce temps, Manny le mammouth joue au hockey avec sa fille Pêche et, comme d'habitude, il perd.

– J'ai fait exprès, comme tous les papas, grommelle-t-il.

En réalité, il est très fier de sa fille. Pourtant, lorsque Julian arrive, il perd le sourire. Il est très gentil mais c'est le fiancé de Pêche, et Manny a du mal à le supporter. Il trouve sa fille trop jeune pour se marier.

Lorsque Manny rentre pour retrouver sa femme Ellie, celle-ci fait un clin d'œil à Pêche.

– Tu viens ? On a quelque chose à préparer !

– Je peux venir avec vous ? demande Manny, intrigué.

– Non, c'est un truc de filles, réplique Pêche.

– Oui, va faire des trucs de garçons, toi. On se verra plus tard... pour ce jour spécial, ajoute Ellie.

Manny les regarde partir en soupirant. Puisqu'il se retrouve seul, il décide d'aller discuter avec Diego, le tigre à dents de sabre.

– Ah, les femmes, grogne Manny.
– Oui, les femmes... répète Diego. Euh, attends, quoi les femmes ?
– Je ne les comprends pas.
– Oh. Moi non plus. Mais il n'y a pas qu'elles qui sont incompréhensibles.
Diego désigne Sid le paresseux qui vient vers eux en pleurant : il a demandé une fille en mariage et elle a fui !
– Les femmes, soupirent-ils tous les trois.

Lorsque les trois amis reviennent à la caverne, Manny se rend vite compte que quelque chose cloche. Il n'y a personne et les lumières sont éteintes.

– Youhou ! Où êtes-vous ? crie le mammouth.

Soudain, tout le monde sort des bois en lançant des cotillons.

– SURPRISE !

Ellie dévoile une superbe statue de glace qui la représente avec Manny.

– Bon anniversaire de mariage, mon chéri, souffle-t-elle. C'était ça, mon secret...

Manny avait oublié la date. Il est ennuyé : il n'a pas de cadeau à offrir à Ellie ! Elle va être très déçue...

Soudain, le ciel s'illumine. La météorite de Scrat entre dans l'atmosphère. On dirait un gigantesque feu d'artifice !

– C'est magnifique, souffle Ellie. Moi qui croyais que tu avais oublié...

Manny est soulagé mais, pendant le repas, Diego se dirige vers lui, inquiet.

– Regarde le ciel : on a un problème.

Une boule de feu se dirige droit sur eux !

– Fuyons ! crie Manny. C'est une pluie de météores !
La terre tremble tandis que les morceaux de roche heurtent le sol. Les arbres prennent feu et les animaux courent en tous sens. Finalement, ils trouvent refuge dans une caverne. Ici, ils sont en sécurité… du moins ils l'espèrent !
Lorsqu'ils sortent enfin, le sol est couvert de cratères. Tout à coup, une tête surgit de l'un d'entre eux. C'est Buck, la belette du Monde des Dinosaures !

– Salut tout le monde ! lance Buck. Ravi de vous revoir, mais j'ai de graves nouvelles ! J'ai trouvé cette tablette : une prophétie est inscrite dessus. Elle dit qu'un astéroïde heurte la Terre tous les cent millions d'années. C'est comme ça qu'ont disparu les dinosaures... et désormais, c'est notre tour. Regardez cette tache dans le ciel, c'est un énorme météore qui fonce droit sur nous.

– Au secours ! crie Sid en courant dans tous les sens.

Buck montre à ses amis un massif montagneux gravé sur la tablette.

– Tout n'est pas perdu. Tous les astéroïdes ont atterri au même endroit, près d'ici. Quelque chose doit les attirer, et nous devons trouver ce que c'est. En avant !

En chemin, les animaux aperçoivent des morceaux d'astéroïde sur le sol. Quand on les rapproche, ils se collent l'un à l'autre

– Voilà pourquoi le météore est attiré ici ! Il fonctionne comme un aimant ! réalise soudain Buck.

Pendant le voyage, Manny observe Julian et Pêche, déprimé. Il n'a pas envie que sa fille se marie ! Mais comme il ne veut que son bonheur, il décide de faire un effort pour se rapprocher de son gendre.

– Tu veux jouer au hockey avec moi ? demande-t-il.

Malheureusement, Julian est très maladroit et il finit par tomber dans l'eau !

– Tu l'as fait exprès, Papa, proteste Pêche. Je sais que tu n'aimes pas Julian mais je me marierai quand même avec lui.

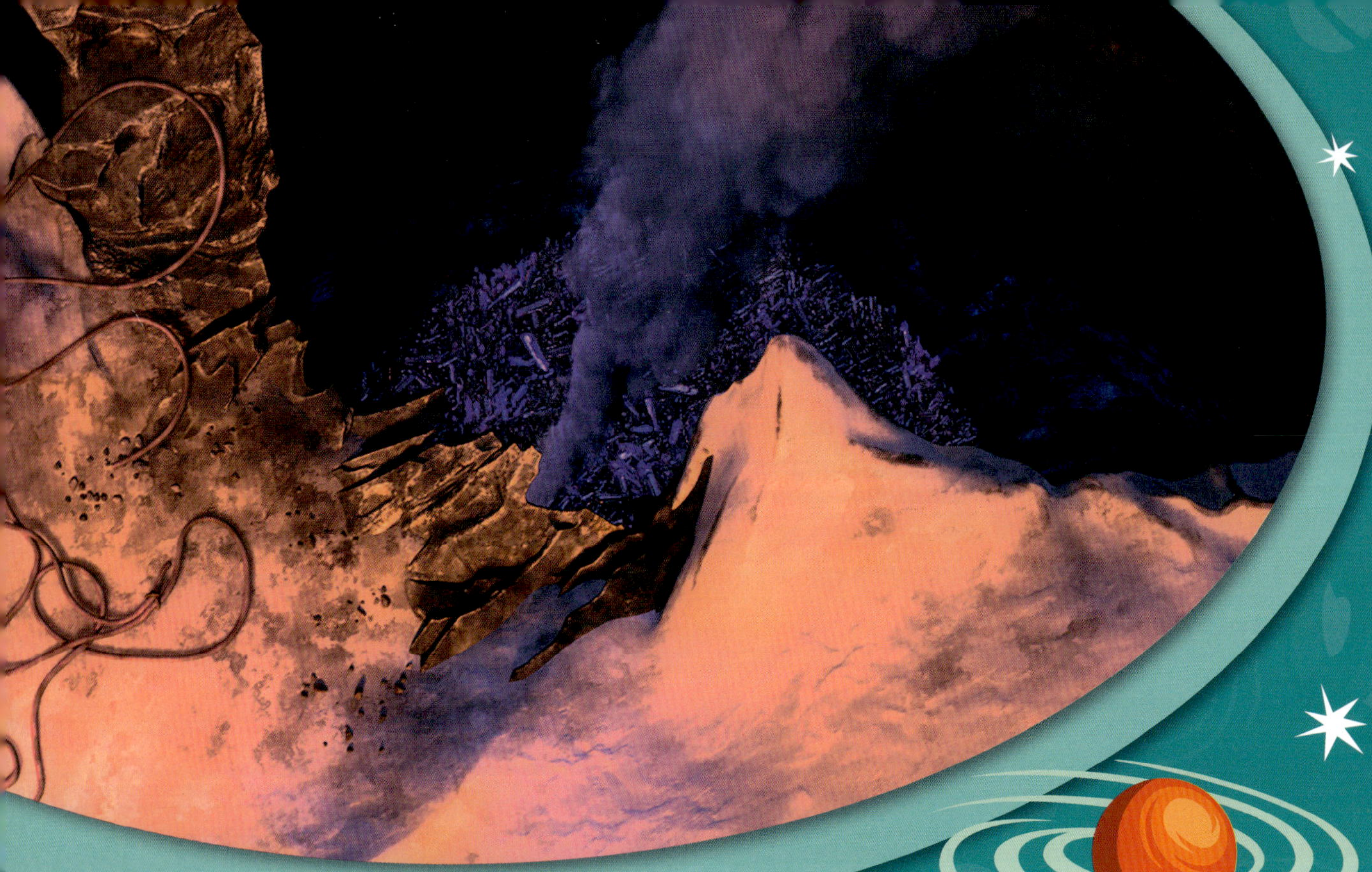

Le lendemain, Mémé, la grand-mère de Sid, a disparu. Le paresseux se met à pleurer.

– Pourquoi m'as-tu abandonné ?

– Attends, je vais suivre sa piste, propose Diego.

Il renifle l'endroit où dormait Mémé puis s'élance, suivi de près par ses amis. Ils arrivent bientôt au pied d'un énorme volcan qui gronde et crache de la fumée.

– Voilà l'endroit où tombent les météorites ! crie Buck en reconnaissant la montagne gravée sur la tablette.

En poursuivant sa piste, Diego finit par retrouver Mémé : elle est en train de se faire masser par un lapin musclé.

– C'est le paradis, ici, glousse-t-elle.

Manny regarde en contrebas : au pied du volcan se trouve une cité étrange, recouverte d'un dôme en cristal. Qui peut bien habiter ici ?

Soudain, une femelle paresseux arrive vers eux. Elle flotte dans les airs sur une planche de skate !

– Bonjour à tous ! Nous avons rarement des visiteurs ! Je m'appelle Brooke.

Soudain, elle aperçoit Sid et son regard s'illumine.

– Salut, toi ! Tu sais que tu es magnifique ? souffle-t-elle.

Sid en reste bouche bée. Buck, lui, observe attentivement la ville et son dôme.

– Les murs sont en cristal magnétique ! Voilà pourquoi les météorites sont attirées ici... Il faut faire quelque chose !

– Oh, je ne suis pas très douée pour sauver le monde, explique Brooke. Pour ça, il vaut mieux voir notre Maître, le Shangri-Lama. Mais il fait du yoga en ce moment, alors je vais vous faire visiter notre ville, Géotopia !

Le cristal sur lequel se trouvent les animaux s'envole doucement. Manny perd l'équilibre... mais Julian le retient de justesse.

– Je sais que tu ne m'apprécies pas beaucoup, beau-papa, murmure-t-il. Mais tu sais, on a quelque chose en commun : on aime tous les deux Pêche.

Lorsque les animaux arrivent à Géotopia, ils sont accueillis par un lama aux longs poils soyeux.

– Bonjour, je suis le Shangri-Lama ! Mettez-vous en position du lotus comme moi !

Manny le regarde, incrédule. Il n'a jamais été très souple.

– On n'est pas venus pour faire du yoga, interrompt Buck. Nous sommes là parce qu'un astéroïde géant va heurter la Terre. C'est votre dôme qui l'attire, avec ses cristaux magnétiques.

– Je vois, dit le Shangri-Lama en changeant de position. Mais rassurez-vous, cet astéroïde n'est pas méchant. Le dernier nous a donné ces cristaux qui nous offrent la jeunesse éternelle.

– Mais le reste de la Terre sera détruit, proteste Buck.

– Vous avez l'air tendu. Essayez la position du dragon, ça devrait vous détendre !

Buck réfléchit à toute vitesse. Il faut qu'il trouve une solution. Comment renvoyer les cristaux magnétiques dans l'espace ?

Soudain, Buck aperçoit le volcan. Voilà la solution ! S'ils le remplissent de cristaux et bouchent les fissures, la pression devrait envoyer les pierres dans l'espace !

– Je vous l'interdis ! rugit le Shangri-Lama. Sans ces cristaux, nous n'aurions plus de protection, et adieu la jeunesse éternelle !

Pendant ce temps, Sid a décidé d'offrir une pierre précieuse à la belle Brooks pour la séduire. Justement, il trouve une sorte de diamant qui dépasse du mur.

Sid prend la pierre à deux mains et tire...

– Non ! crie Brooks.

Trop tard. Le mur tremble, puis s'effondre en morceaux.

– C'est un désastre, murmure le Shangri-Lama, qui semble soudain moins détendu. La ville n'est plus protégée !

– Vite, décide Buck. Prenons tous ces cristaux et mettons-les dans le volcan. On peut encore y arriver !

– Les animaux se précipitent et s'entraident pour jeter les cristaux dans le volcan. Pendant ce temps, d'autres comblent les fissures pour augmenter la pression. Julian et Manny font équipe pour la première fois. Ensemble, ils montent les pierres les plus lourdes le long de la pente raide.

– Tu n'es pas si mal, comme beau-fils, finit par admettre Manny.

Bientôt, la lave se met à bouillonner tandis que les cristaux disparaissent à l'intérieur du volcan.

Leur plan va-t-il fonctionner ?

Soudain, le volcan entre en éruption... et les cristaux sont expédiés vers le ciel jusqu'à atteindre l'espace ! Attiré comme par un aimant, le météore change de direction... et rate la terre. Victoire !

De l'intérieur de son vaisseau spatial, Scrat regarde le spectacle avec admiration.

Les animaux sont sauvés !

Grâce à ces aventures, Manny s'est rapproché du jeune Julian. Finalement, il est heureux de le voir se marier avec Pêche. À côté de lui, Ellie retient ses larmes en regardant sa fille marcher jusqu'à l'autel.

– Cela fait longtemps que nous n'avons pas profité de la vie, remarque Mannie. Et si on repartait en voyage de noces ? Ça te dirait de venir avec moi ?

Ellie se blottit tendrement contre sa trompe. Il a beau avoir oublié leur anniversaire de mariage, il reste le mammouth de sa vie !